でんじろう先生の
おもしろ科学実験室

監修／米村でんじろう

① びっくり実験

でんじろう先生の
おもしろ科学実験室へようこそ！
5色の衣装に変身する
でんじろう先生といっしょに、
楽しい科学実験に挑戦しよう。
第1巻「びっくり実験」は、
赤でんじろう先生があっと驚く実験を
しょうかいするよ。
さっそく実験の始まり始まり！

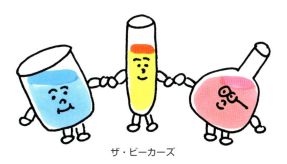

ザ・ビーカーズ

新日本出版社

でんじろう先生の
おもしろ科学実験室
①びっくり実験

もくじ

遊びながら科学を体験しよう！　4

この本の使い方　5

こわれにくいから楽しい！　**スーパーシャボン玉実験**　6

空気のたまが見える！　**段ボール空気砲実験**　10

すの力でたまごが変身！　**すけすけたまごって何だ!?**　14

音のマジック　**声でろうそくの火が消える!?**　17

■ 科学のお話　音と振動　19

酸性とアルカリ性を調べよう　**むらさきキャベツで色水実験**　20

電気を生み出す！　**手作り木炭電池**　23

スリル満点！　**ビリビリ静電気**　26

■科学のお話　電気の発明・発見　30

ドライヤーでうかせよう　ゴミぶくろの熱気球　32

■科学のお話　熱気球の発明～世界初の有人飛行　34

紙と紙がくっついた!?　まさつ力体験　35

■科学のお話　ものを止める力「まさつ力」　37

落ちない水のなぞ　逆さコップで大気圧実験　38

■科学のお話　空気の力「大気圧」　40

自然のエネルギーを体験！　ペットボトルのたつ巻　41

回転のふしぎ　走り続けるコイン　44

さくいん　46

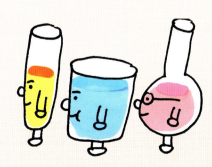

遊びながら科学を体験しよう！

　この本は、遊びながらできる思わずびっくりの実験をしょうかいしています。気楽にできるものからやってみましょう。

　たとえば、空き箱があったら空気砲を作ってみましょう。「やろう」と思った時が実験の始まりです。段ボール箱を探す、はさみやガムテープを探す。それから組み立てる。すると、段ボールの内側のふたがじゃまだったり、ガムテープがくっつきにくかったり、やってみて気づくことがたくさんあります。「紙のガムテープは表面がつるつるなので重ねばりができない、だから布ガムテープを使うんだ」とか、「段ボールがティッシュの箱より丈夫なのは、断面が波形になっているからかな」とか、そういうことに気づくかもしれません。そのような発見が科学のきっかけになるのです。材料を集めたり、組み立てたりすることも実験の一部です。

　実際に手に入る段ボール箱は、大きさや形、丈夫さがみんなちがいます。だから、本と同じものを作っているつもりでもそれぞれ少しちがうものになるでしょう。

　空気砲が完成したら、早速打ってみましょう。強くたたきすぎてこわれてしまったり、たたく力が弱すぎてたまが出なかったりすることがあるかもしれません。自分で穴の大きさやたたき方を調整してみましょう。うまく的をねらうにはどうしたらいいか、いろいろ試してみましょう。

　実験をやってみると、いろいろな問題にぶつかります。そこで「なぜだろう？」と考え、工夫して解決していく、それが科学の体験そのものなのです。

米村でんじろう

この本の使い方

この本に出てくる項目の説明です。
実験の前によく読んでおきましょう。

実験のタイプ
実験を行うのにおすすめの人数や、大人といっしょにやる必要があるかどうかを示しています。

かかる時間
実験にかかるおよその時間を示しています。

単元と学年
小学校から中学校までの理科の授業で関係のある単元と、学習する学年を示しています。

実験の手順
実験のやり方を写真とあわせて説明しています。

解説
実験の結果やその理由をわかりやすく説明しています。重要な言葉を太字にしています。

用意するもの
実験で使う材料や道具のリストです。すべてそろっているか確認してから実験を始めましょう。

注意
実験に関する注意です。

もっと実験
同じテーマの実験や、ちょっと難しい実験をしょうかいしています。チャレンジしてみましょう。

科学のお話
テーマに合わせて、科学の原理やおもしろいエピソードをしょうかいするコラムです。

ポイント
実験を成功させるポイントを解説しています。うまくいかないときは参考にしましょう。

実験のポイントと注意

■実験は、一度で成功するとは限りません。あきらめずにくり返し挑戦してみましょう。
■実験に使う材料や道具で同じものがない場合は、代わりに使えるものがないか考えて工夫してみましょう。
■はさみやカッターナイフなどの刃物を使うときは、けがをしないように注意しましょう。難しいところは大人に手伝ってもらいましょう。
■火や薬品を使う実験は、必ず大人といっしょにやりましょう。

こわれにくいから楽しい！スーパーシャボン玉実験

みんなでわいわい　かかる時間：1時間〜

水とせんたくのりと台所用洗剤でこわれにくい
スーパーシャボン玉を作って遊ぼう！

単元と学年：物のとけ方（小学5年）

長〜いシャボン玉ができた！

用意するもの

1. アルミはく
2. 台所用洗剤 50mL（界面活性剤入り）
3. せんたくのり 250mL（PVA ポリビニールアルコールタイプ）
4. 水 500mL
5. シャボン玉液を入れる浅い容器
6. 玉じゃくし

実験しよう

1 水、せんたくのり、台所用洗剤を容器に入れ、玉じゃくしでそっと混ぜる。

あわだてないようにそっとね！

ポイント
シャボン玉液をたくさん作りたいときは、下の割合で材料を用意しましょう。

水	せんたくのり	台所用洗剤
10	5	1

2 わくを作る。アルミはくをねじって輪にする。

3 持ち手をつける。持ち手ははずれやすいので、根元の部分はアルミはくを重ねて巻く。

4 わくをシャボン玉液にひたしてまくをはり、わくをふってシャボン玉を作る。

大きいシャボン玉ができるかな？

**他にもこんな技に
ちょうせんしよう！**

■**連続発射！**
わくにはったまくに
ふーっと息をふきかけ
ると、小さなシャボン
玉が連続してできる。

自分でも新しい技
を考えてみよう！

■**二重シャボン玉！**
小さなシャボン玉を作り、
それにかぶせるように大き
なシャボン玉を作る。

❓ スーパーシャボン玉はどうしてこわれにくいの？

　シャボン玉は、うすい**まく**になったシャボン玉液が**空気**を包みこんでできています。その**まく**は、1mmのおよそ1000分の1という、とてもうすいものです。どうしてこんなにうすい**まく**でシャボン玉ができるのでしょうか？
　水だけでは**まく**を作ることができませんが、洗剤を入れると、うすい**まく**ができるようになります。
　また、洗剤があることで、**まく**の一部分がうすくなっても元に戻そうとする力が働くため、**まく**を一定の厚さに保つことができるのです。
　しかし、洗剤だけではシャボン玉はすぐにこわれてしまいます。スーパーシャボン玉液は、せんたくのりを入れてねばりけを加えることで、割れにくくしているのです。

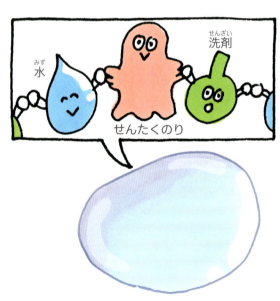

もっと実験！ シャボン玉の色を観察しよう

にじのようなシャボン玉の色は、時間とともに次つぎに変わっていきます。色の変化を楽しみましょう。

用意するもの　使い捨てのプラスチックコップ、カッターナイフ、水、グリセリン、台所用洗剤、容器　※グリセリンは薬局で買うことができます。

1 プラスチックコップで観察用のわくを作る。図の赤線の部分をカッターナイフで切る。

2 輪の部分がたてになるように、首の部分を折る。

3 水150mL、台所用洗剤20mL、グリセリン150mLを、あわだてないようによく混ぜてシャボン玉液を作る。わくの円の部分をシャボン玉液につけてまくをはり、そっと置いて色の変化を観察する。

⚠ カッターナイフを使うところは大人にやってもらいましょう。

ポイント
まくがかわくと、やぶれてしまいます。水を入れたコップといっしょに水そうのような透明な容器をかぶせておくと、かわきにくくなって、長い時間観察することができます。

シャボン玉の色の変化

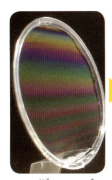
にじ色のしま模様が現れた。

模様が変化してきた。

上のほうから色が消えてきた。

どんどん消えていって……。

とうとう色が消えた。

色や模様が変わるのは、まくの厚さが変わるから。シャボン玉液が重さでだんだんたれてきて、まくの上のほうからうすくなるよ。

空気のたまが見える！
段ボール空気砲実験

みんなでわいわい　かかる時間：1時間〜

段ボールをたたくと目に見えない空気のたまが飛び出すよ。
空気のたまのふしぎな力を体験しよう！

単元と学年：空気と水の性質（小学4年）

空気砲発射！

用意するもの

1. 段ボール箱
2. 布ガムテープ
3. カッターナイフ
4. えんぴつ

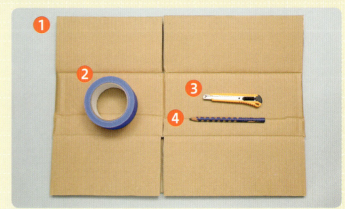

実験しょう

⚠ カッターナイフでけがをしないように注意しましょう。

段ボール空気砲を作る

1 段ボール箱を組み立て、布ガムテープで底を閉じる。

2 内側のふたが動かないように布ガムテープでとめる。ふたを閉じて、空気がもれないようにしっかりとはる。

3 ガムテープのしんなどを使って側面に円を書き、カッターナイフで切り取る。

ポイント
穴の直径は、箱のはばの3分の1が目安です。

できあがり！

段ボール空気砲の打ち方

片方の手で箱をかかえて持ち、もう片方の手で箱の横を強くたたく。

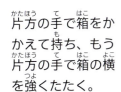

ポイント
ドアのわくなどにごみぶくろをぶら下げて、ねらって打ってみましょう。目に見えない空気のたまがごみぶくろをゆらすのがわかります。ねらったところに当てられるように、練習してみましょう。

もっと実験！ 空気のたまを見てみよう

空気のたまを、けむりを使って見てみましょう。

用意するもの 段ボール空気砲、線香、油ねん土、ライター

1 油ねん土を丸めて台を作り、線香を10本くらい立てて火をつける。

2 空気砲を穴から線香にかぶせて、そのまましばらく置いてけむりをためる。

3 けむりのたまを発射するときは、軽くポンとたたいて、空気砲を打つ。

空気のたまが見えた！

輪のけむりの動きに注目してみよう！

ポイント
黒っぽい背景で、太陽や電灯の明かりに向かって打つと、よく見えます。

⚠️ 火を使うところは大人といっしょにやりましょう。箱に火が燃え移らないように注意しましょう。

? どうして空気のたまは遠くまで飛ぶの？

空気のたまが空気の中を飛んでいくのはふしぎな感じがしますね。

けむりを使う実験でわかるように、空気砲からおし出されたたまは輪の形をしていて、内側から外側へと回転する**「うず」**になって進みます。おし出された勢いだけで進むのではなく、**うず**が回転することで空気をかき分けていくため、遠くまで輪の形を保ったまま進んでいけるのです。

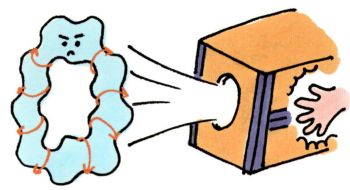

▲うずの輪が、空気をかくようにして進む。

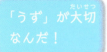

「うず」が大切なんだ！

イルカのバブルリング

イルカも空気砲のたまと同じようなうずの輪を作って遊ぶことがあります。

イルカは頭の上にある穴から空気をはき出し、ひれを使ってうずを作り、空気の輪を作ります。「バブルリング」と呼ばれるこの輪は、空気砲のたまと同じ仕組みで、水の中をまっすぐに進んでいきます。

もっと実験！ 的当てゲームで遊ぼう

紙で作った的を段ボール空気砲でたおしてみましょう。
みんなで競争すると楽しいですよ。

たたき方や穴の大きさによって、たまの大きさも変わるよ。いろいろな空気砲を作って試してみよう。

1 画用紙で的を作り、折って立てる。

2 的を並べて置き、はなれたところからねらって打つ。

13

すの力でたまごが変身！
すけすけたまごって何だ!?

ひとりでじっくり　**かかる時間：2〜3日**

生たまごをすにつけると、からがとけてふしぎな物体に変身！
中身がすけすけ、さわるとぷよぷよのすけすけたまごを作ってみよう！

単元と学年：水溶液の性質（小学6年）

ぷよ
ぷよ

ゴムボールみたいな
ふしぎなさわり心地
を体験しよう！

用意するもの

1. 生たまご
2. ガラスびん（またはコップ）
3. す（穀物酢など）
4. ラップ
5. うつわ（ボウルなど）

実験しょう

1
ガラスびんにたまごを入れ、たまごがかぶるくらいのすを加える。ラップでふたをする。

ポイント
全体がまんべんなくすにつかるように、ときどきたまごの上下を入れかえましょう。からがとけにくいときは、途中で新しいすに入れかえます。

2
2〜3日すると、からが完全にとける。びんから取り出して水で洗う。

3
15分くらい水につけると、②よりももっと大きくなる。

4
すけすけたまごのできあがり！

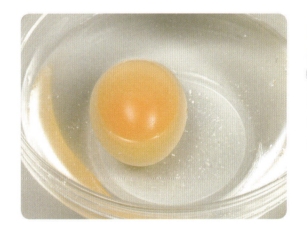

こんなに大きくなった！

どうしてたまごが大きくなったんだろう？

! 実験に使ったたまごやすは体に害はありませんが、食べるものではないので、口に入れないようにしましょう。

❓ どうしてすけすけ、ぷよぷよになったの？

たまごのからは、「炭酸カルシウム」というものでできています。すには、炭酸カルシウムをとかす力があるので、たまごのからをとかしてしまいます。でも、からの下のうすいまくはとけずに残るので、すけすけぷよぷよになったのです。

すけすけたまごを包んでいる半とうめいのまくは、ゆでたまごのからをむくと出てくる白いうす皮と同じもので、たまごの中身をまもっています。まくには、目に見えない小さな穴がたくさんあいていて、水分は通します。だから、まくの中にすや水分が入って、たまごが大きくなったのです。

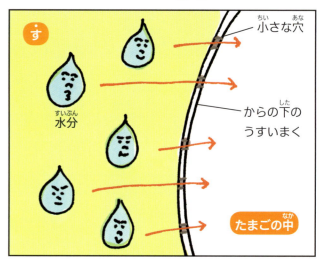

たまごのからが大活躍！

食品工場では毎日、たくさんのたまごがマヨネーズやケーキなどの材料に使われています。大量に出るからは、リサイクルされていろいろなものに生まれ変わります。

他にもさまざまな使い道への研究が進められているよ。

■チョーク　■消しゴム　■カルシウム剤（サプリメント）　■タイヤやくつ底のすべり止め　■かべ紙　■肥料

大人といっしょに　みんなでわいわい　かかる時間：1時間〜

音のマジック
声でろうそくの火が消える!?

ろうそくを入れたコップに声を当てて、火を消すことができるかな？
声のパワーを体験しよう！

単元と学年：光と音（中学1年）

用意するもの

1. ガラスのコップ
2. ろうそく
3. 輪ゴム
4. 針金
5. 水
6. ライター

実験しょう

1 針金を、ろうそくの太さに合わせて輪にし、ろうそくをはめる。反対側はコップのふちにかけられるように曲げる。ろうそくが落ちないように輪ゴムを巻く。

2 コップに水を1cmくらい入れて、①のろうそくをかける。

3 コップを顔の前に持ち、側面に向かって大きな声を当てる。

ポイント
コップの大きさや水の量によって、火が消える声の高さが変わります。高い声や低い声、いろいろ変えて試してみましょう。

消えた！大成功！

4 ほのおがゆれたら、声の高さが合ってきた合図。もう少し！

だれが一番早く消せるか競争すると盛り上がるよ！

⚠ 火を使うので、必ず大人といっしょにやりましょう。

？ どうして声で火が消えるの？

ろうそくの火が消えたのは、息をふきかけたからではありません。ほのおの周りの空気がふるえて火が消えたのです。

私たちが息をはきながらのどをふるわせると、声が出ます。声は次つぎと周りの空気をふるわせて伝わっていきます。ものがふるえることを「**振動**」といいますが、空気も**振動**するのです。

コップに向かって声を出すと、その**振動**によってコップの中の空気がふるえます。音程が合うと、ふるえが大きくなって火が消えるのです。

声で空気を振動させて火を消していたんだ！

🔍 科学のお話

音と振動

ものが振動すると音が出ます。人間はのどにある声帯を振動させて声を出しています。バイオリンのげんやたいこのまく、トランペットの中の空気など、音はすべてそれらの振動によって生まれます。

振動は、波となって空気や水、その他のものに伝わって広がっていきます。

音が空気を伝わるとき、振動は周りの空気をふくらませたり縮めたりして波のように外へ外へと広がっていきます。その振動が、耳のおくの「こまく」というまくに伝わることで、私たちは音を感じとっているのです。

水の中でも音はよく伝わります。クジラはいろいろな種類の音を使い分けて、遠くはなれた仲間とコミュニケーションをとっているといわれています。

他にも、金属や石などのかたいものも音をよく伝えますが、ゴムやスポンジのようなやわらかいものは音をあまり伝えません。

宇宙空間には振動を伝える空気がないから、音が伝わらないよ。

酸性とアルカリ性を調べよう
むらさきキャベツで色水実験

ひとりでじっくり　**かかる時間：1時間〜**

むらさきキャベツの色素を使って、いろいろな水溶液の酸性とアルカリ性を調べよう。

単元と学年：水溶液の性質（小学6年）

用意するもの

1. むらさきキャベツ
2. 水
3. ざる
4. なべ
5. うつわ6つ
6. コップ
7. スプーン

【性質を調べるもの】
8. 炭酸水
9. す
10. レモン
11. 固形せっけん
12. 重そう
13. 水

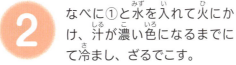

実験しよう

1 むらさきキャベツを手でちぎる。

2 なべに①と水を入れて火にかけ、汁が濃い色になるまでにて冷まし、ざるでこす。

むらさきキャベツ液のできあがり！

3 性質を調べる水溶液を準備する。炭酸水、す、水はそのままで、重そうとせっけんはぬるま湯にとかし、レモンはしぼっておく。

4 ②のむらさきキャベツ液を6つのうつわにそれぞれ半分ほど入れ、③の水溶液をそれぞれ小さじ1ぱいくらい加えて、よく混ぜる。

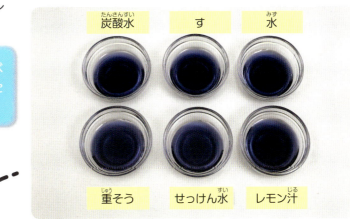

炭酸水	す	水
重そう	せっけん水	レモン汁

むらさきキャベツ液が赤や緑に変わった！

炭酸水	す	水
重そう	せっけん水	レモン汁

どこに何の水溶液を入れたかわかるように、紙に書いてはっておこう。

21

どうしてむらさきキャベツの色が変化したの？

ものを水にとかした液体を「**水溶液**」といいます。水溶液は、それぞれ**酸性**、**中性**、**アルカリ性**といった性質を持っています。むらさきキャベツにふくまれる、「**アントシアニン**」というむらさき色の色素は、**酸性**や**アルカリ性**のものに反応して色が細かく変化します。理科の授業では、**リトマス紙**を使って**水溶液**の性質を調べますが、むらさきキャベツの色素でも調べることができるのです。

むらさきキャベツの他にも、ナスや赤ジソ、アサガオなどの色水や、「マローブルー」というハーブティーでも同じように水溶液の性質を調べることができます。

	むらさきキャベツ	リトマス紙
酸性（pHの値が小さい）	ピンク～赤	青→赤
中性（pH7前後）	変わらない	変わらない
アルカリ性（pHの値が大きい）	青～黄	赤→青

洗剤や飲み物など、他の液体でも調べてみるといいね！

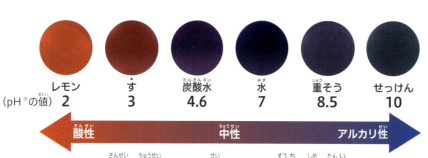

レモン	す	炭酸水	水	重そう	せっけん
2	3	4.6	7	8.5	10

（pH※の値）　酸性 ← 　中性　 → アルカリ性

※ pH（ピーエイチ）…酸性・中性・アルカリ性を1～14の数値で示す単位。

もっと実験！　むらさきキャベツ液で絵をかこう

むらさきキャベツ液の色の変化を利用して絵をかいてみましょう。

用意するもの　むらさきキャベツ液、酸性やアルカリ性の水溶液、画用紙、筆

1 画用紙全体にむらさきキャベツ液をぬってかわかす。

かいた後かわかすと、色があざやかになるよ。

2 酸性やアルカリ性の水溶液で絵をかく。水溶液が混ざらないように、そのつど筆は水でよく洗う。

ひとりでじっくり　かかる時間：30分〜

電気を生み出す！
手作り木炭電池

備長炭とアルミはくと塩水で電池を作ってプロペラを動かそう。
電池の仕組みがわかるよ。

単元と学年：電気の利用（小学6年）、電流（中学2年）、水溶液とイオン（中学3年）

電池は電気を作り出す装置だよ。うまくプロペラが回ると、感動するんだ！

用意するもの

1. 備長炭（なるべく大きいもの。備長炭以外の炭ではできないので注意！）
2. アルミはく
3. ペーパータオル2枚
4. 模型用のプロペラ
5. モーター
6. 台（モーターとプロペラをのせるためのもの）
7. ミノムシクリップ付きコード
8. ボウル
9. 玉じゃくし
10. 水
11. 塩（水の重さの半分くらいの量）

23

実験しょう

1 塩を水にとかす。塩がとけ残るくらいが目安。

2 ペーパータオルを2枚重ねて備長炭に巻く。備長炭の片方のはしがはみ出すようにする。

3 ペーパータオルの上から塩水をかけて、しっかりとおさえる。

4 ③のペーパータオルの上にアルミはくを巻く。アルミはくは炭に直接ふれないようにする。余ったはしはクリップではさみやすいようにねじっておく。

5 モーターとプロペラを取り付ける。ミノムシクリップ付きコードで木炭電池の両はしをはさみ、モーターのコードとつなげる。

ポイント

プロペラが動かないときは……
- アルミはくの上からぎゅっとにぎって、アルミはくとペーパータオルを備長炭に密着させる。
- アルミはくと備長炭が直接ふれていないか確かめる。
- ペーパータオルがかわいていたら、もう一度塩水をかける。

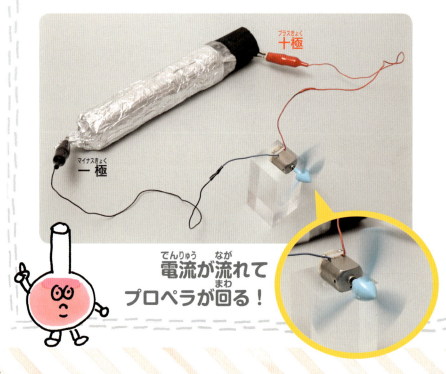

電流が流れてプロペラが回る！

どうして備長炭で電池ができるの？

アルミはくは**アルミニウム**という金属でできています。**アルミニウム**が塩水にとけ出すと、マイナスの電気を持つ**電子**を放出します。その**電子**が導線を通って移動し、備長炭の中の**酸素**に受け取られます。このとき、電流が流れてプロペラが回るのです。

長い時間木炭電池を使うと、アルミはくには、**アルミニウム**がとけてできた穴がたくさんあきます。さらに使い続けると、最後にはぼろぼろになってしまいます。

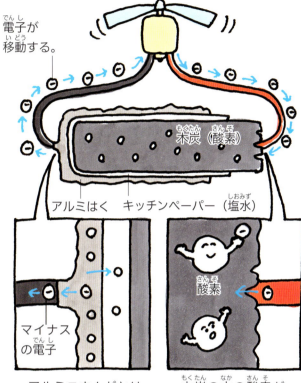

アルミニウムがとけてマイナスの電子を放出する。

木炭の中の酸素が電子を受け取る。

※ V（ボルト）…電圧を表す単位。

この木炭電池はおよそ1〜1.5V※の電気を作ることができるよ。これは、市販のアルカリ乾電池1本と同じくらいのパワーがあるんだ！

もっと実験！ 人間電池に挑戦！

自分の体を使って電池を作ってみましょう。

用意するもの
10円玉、1円玉、ミノムシクリップ付きコード

1 きれいに洗った10円玉と1円玉をミノムシクリップ付きコードのクリップではさむ。

2 10円玉と1円玉で舌をはさむと、弱い電流が流れて味を感じる。

どうしてへんな味がするの？

10円玉は**銅**、1円玉は**アルミニウム**でできています。これらの2種類の金属をだ液（つば）にふれさせると、電池と同じ仕組みで電流が流れます。その電流が舌を刺激するので、ピリッとするような味を感じるのです。

25

ひとりでじっくり　みんなでわいわい　かかる時間：1時間30分〜

スリル満点！
ビリビリ静電気

静電気ってどんなものかな？　静電気をためられるコップを作って、静電気を見たり感じたりしてみよう。

単元と学年：電流（中学2年）

用意するもの

1. 使い捨てのプラスチックコップ3個
2. アルミはく
3. セロハンテープ
4. はさみ
5. 油性ペン
6. マフラー（またはかわいた布）
7. 細長い風船
8. 風船用ポンプ

実験しよう

静電気コップを作る

1 プラスチックコップを1つ切り開いて側面の型紙にする。初めに縦に切ってから、ふちと底を切り取る。

2 ①の型紙をアルミはくにのせて油性ペンでしるしをつけ、切り取る。同じものを2枚作る。

3 ②をプラスチックコップに巻いてテープでとめる。口の部分は2cmほどあけ、余った分は底に折りこんでとめる。2つ作る。

4 15×15cmのアルミはくを、1cmのはばにたたむ。これがアンテナになる。

5 ③のコップを2つ重ねた間に、半分に曲げたアンテナを入れる。

ここを丸くするのがポイント！とがっているとそこから静電気がにげやすくなるよ。

できあがり！

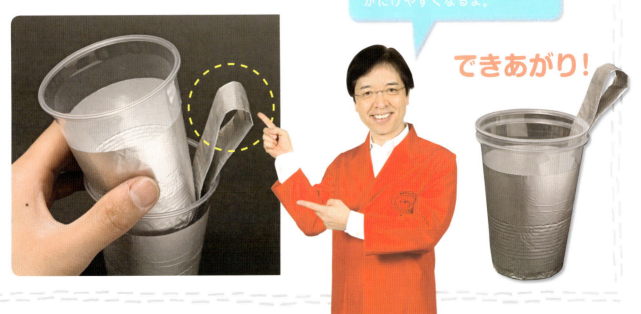

27

静電気をためる

1 ふくらませた風船をマフラーではさんで引きぬき、何度もこすって静電気をおこす。

2 風船を静電気コップのアンテナに沿って動かし、静電気を移す。これを何度もくり返して、静電気をためる。

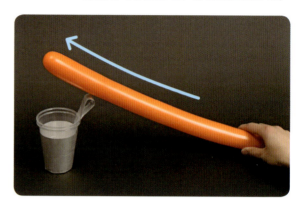

ポイント
うまく静電気がためられないときは……
・コップのプラスチックの部分に手のあぶらやよごれがつくと、静電気がにげやすくなってしまうので、なるべくさわらないようにしましょう。
・プラスチックなど、電気を通しにくいものの上に置いていると、電気がたまりにくいことがあります。

風船を動かしていると「ブツブツブツ……」という音がするよ。これが静電気がたまっていく合図だよ。

3 静電気を感じる
コップのアルミはくの部分を持ち、もう片方の手でアンテナにさわると「バチッ」と静電気を感じる。

4 静電気を見る
部屋をなるべく暗くしておく。はさみを開いて片方のはの先を側面のアルミはくにあて、もう片方をアンテナに近づけると、放電して火花が出る。

❗ 心臓の弱い人や、ペースメーカーを入れている人は、体で感じる実験はさけましょう。

静電気コップには どうして静電気をためられるの？

セーターを着ているときなど、ドアにさわったとたん「パチッ！」となることがありますね。これは**静電気**によっておこる現象です。

物質の中にはもともと**プラス(＋)** と**マイナス(－)** の**電気**が同じ数だけあります。**マイナスの電気**は他の物質との間を移動する性質があります。

たとえば、風船とマフラーをこすり合わせると、マフラーの持つ**マイナスの電気**が風船に移って、風船には**マイナス**、マフラーには**プラスの電気**がたまります。これが**静電気**がおきた状態です。その風船をアンテナに近づけると、今度はアンテナに**マイナスの電気**が飛び移り、内側のコップのアルミはくにたまっていきます。

そこで、はさみや人間の手でコップのアルミはくとアンテナをつなぐと、アンテナから**マイナスの電気**が急激に移動して**電流**が流れるので、バチッとなるというわけです。

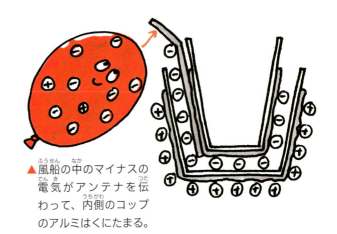
▲風船の中のマイナスの電気がアンテナを伝わって、内側のコップのアルミはくにたまる。

▲アンテナからマイナスの電気が指に移動して、体の中を通り、外側のコップのアルミはくに流れる。

もっと実験！ 百人おどしに挑戦！

友だち同士輪になって手をつなぎ、一人が静電気コップを持ちます。となりの人がアンテナにふれると、全員が電気を感じることができます。

実験では、100人でも成功したよ。みんなでチャレンジしてみよう！

科学のお話

電気の発明・発見

私たちのくらしに欠かせない電気。電気はテレビや冷蔵庫、エアコン、携帯電話など、いろいろなかたちで利用されています。電気の発明・発見の歴史をたどってみましょう。

コハクで静電気を発見！

■ 紀元前600年ごろ

ギリシャの哲学者タレスは、コハクを毛皮でこすると、羽根などの軽いものを引きつけることを発見しました。これは静電気によるもので、人間が初めて電気を発見したできごとだといわれています。

コハクはギリシャ語で「エレクトロン」と呼ばれていたので、後に電気は英語で「エレクトリシティ」と名付けられました。

※コハク…松ヤニ（マツの樹液）の化石。

たこあげで発見 雷の正体は電気だ！

■ 1752年

アメリカの科学者フランクリンは、静電気をためることができる装置をつけたたこを雷雲の中にあげ、雷が電気でできていることを証明しました。

また、フランクリンはこの実験を通じて、先のとがった金属がよく電気を引き寄せることを発見し、避雷針を発明しました。

▲避雷針。高い建物に金属の棒を取り付けてわざとそこへ雷を落ちるようにし、建物を雷の被害から守る装置。

カエルで発見！？動物電気

■ 1780年

イタリアの医者ガルバーニは、カエルの解剖をしているとき、金属のメスをカエルの体に当てると、筋肉がけいれんすることに気づきました。ガルバーニは、カエルのあしに電気があると考え、「動物電気」と名付けました。

世界初の電池、誕生！

■ 1800年

イタリアの物理学者ボルタは、ガルバーニの発見をもとに実験を重ね、カエルのあしに電気があるのではなく、2種類の金属であしをはさむことによって電気が発生したのだと気付きました。そして、世界で初めての電池を発明しました。この電池はボルタ電池と呼ばれています。

また、電圧を表す単位の「ボルト（V）」はボルタの名前から名付けられました。

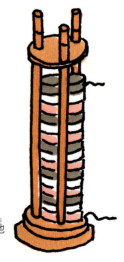

▶ボルタの電池

電気と磁石の深い関係を発見！

■ 1820年

フランスの物理学者アンペールは、コイル（針金をぐるぐる巻いたもの）に電流を流すと、磁石と同じ働きをすることを発見しました。モーターが動くのはこの原理によるもので、多くの電気製品に応用されています。

電流を表す単位「アンペア（A）」は、アンペールの名前から名付けられました。

どうして電池に「池」の文字が使われるの？

電池という言葉は、今から150年ほど前に中国で初めて使われたといわれています。そのころの電池は、容器に電解液※を入れて、その中に銅と亜鉛の板をひたし、導線でつなげると、導線に電流が流れるというものでした。電池の「池」は、電解液をためた容器のことをさしていたのです。

その後、液体を固体にしみこませて持ち運びをできるようにした電池が発明されました。液体でなくなったので、「乾く」という漢字がついて「乾電池」と呼ばれるようになったのです。

※ 電解液…電気を通す液体。

ついに発電に成功！

■ 1831年

イギリスの物理学者ファラデーは、電流から磁気が生まれるなら、逆に磁気から電流を作れるのではないかと考えました。そして、コイルのそばで磁石を動かすと電流が流れることを、実験によって確かめました。この仕組みは「電磁誘導の法則」といって、発電機に応用されています。

また、2つの磁石の間で銅の円盤を回転させて、連続して電気を生み出す発電機も発明しました。

乾電池を作った日本人

明治時代、日本に世界で初めて乾電池の発明に成功した人物がいました。それは、新潟県生まれで東京の時計店で働いていた屋井先蔵です。

当時時計に使われていたのは、液体式のダニエル電池などで、液体がしみ出して金属をさびさせたり、寒さで凍ったりして使えなくなるなどの欠点がありました。そこで屋井は、水をはじく性質のあるパラフィンを炭素棒にしみこませ、それを部品にした「屋井乾電池」を発明したのです。

大勢の科学者たちが実験や発見を積み重ねて、今の便利な電気があるんだよ。

ドライヤーでうかせよう
ゴミぶくろの熱気球

みんなでわいわい　かかる時間：30分〜

ドライヤーで空気を温めて、ゴミぶくろで作った熱気球をうかせよう！

単元と学年：金属、水、空気と温度（小学4年）

用意するもの

1. ゴミぶくろ 2枚（45Lくらいで、なるべくうすいもの）
2. セロハンテープ
3. 布ガムテープ
4. ドライヤー

本物の熱気球と同じ仕組みでうかぶんだよ。

やった！ういた！

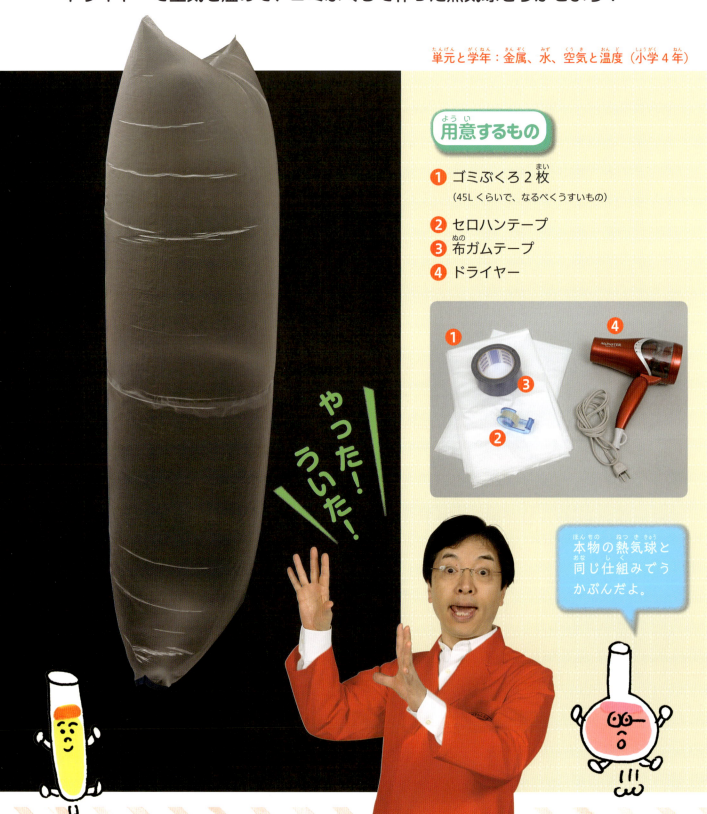

実験しょう

1
2枚のゴミぶくろの口同士を合わせて、セロハンテープでつなぎ合わせ、大きなふくろにする。

2
角の1か所に空気を入れる口をあける。重りにするために布ガムテープを裏表からはり、ガムテープのはばの半分の位置で切り落とす。

3
口の部分にドライヤーの先を少し入れて、温かい空気を入れる。中の空気が十分に温まるとうき上がる。

ポイント

うきにくいときは……
- つなげるふくろを増やしてみましょう。
- できるだけ軽くしましょう。うすいゴミぶくろを使い、セロハンテープを使う量を減らしてみましょう。
- ふくろの中の空気と、外の空気の温度差が大きいほどうきやすくなりますので、あまり温度の高くない部屋でやるといいでしょう。

大きいゴミぶくろを使ったり、つなげる枚数を増やしたりして、もっと大きな気球を作って試してみよう！

⚠️ ドライヤーのふき出し口はとても熱くなります。熱でゴミぶくろがとける場合がありますので、ゴミぶくろに直接ふれないようにしましょう。

どうして気球がうかぶの？

空気は温められるとふくらんで**体積**※が大きくなります。しかし、ふくらんでも重さは変わらないので、同じ**体積**の冷たい空気と比べて軽くなります。

ゴミぶくろの気球は、ふくろやテープの重さがあるので、普通はうきません。しかし、ドライヤーで温めた軽い空気を送りこむことで、**浮力**（下からおし上げる力）が生まれます。**浮力**がふくろやテープの重さよりも大きくなると、気球は空中にうくのです。

気球をうまくうかせるには、使う材料をなるべく軽くすることと、ふくろの中と外の空気の温度差を大きくすること、大きなふくろを使うことが大切です。

※体積…大きさを表す単位。リットル（L）や立方メートル（㎥）で表す。

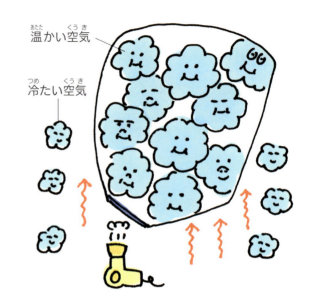

温かい空気
冷たい空気

🔍 科学のお話

熱気球の発明～世界初の有人飛行

世界で初めて人間を乗せて空を飛んだのは熱気球でした。それはアメリカのライト兄弟によって飛行機が発明される120年も前のことでした。

フランスで製紙業を営んでいたモンゴルフィエ兄弟は、ある日、だんろに干した洗濯物がふくらんでうき上がるのを見て、けむりの力で空を飛ぶことを思いつきました。

兄弟は、麻布に紙をはったじょうぶなふくろを作り、けむりをためてうかばせる実験を重ねました。そして1783年、ついに世界で初めて人を乗せて飛行することに成功したのです。このとき熱気球は、パリの上空900 mを25分間、9kmにわたって飛行しました。

飛行機の登場によって乗り物としての熱気球の出番はなくなりましたが、今でもスポーツとして楽しまれています。

▼熱気球。ナイロンやポリエステル製のふくろにガスバーナーで熱い空気を入れて飛行する。

◀モンゴルフィエ兄弟が初めて熱気球の公開実験を行った6月4日は、熱気球の記念日になっている。

みんなでわいわい　かかる時間：1時間〜

紙と紙がくっついた!?
まさつ力体験

雑誌のページを重ねて引っぱりっこすると……ふしぎ！
力いっぱい引っぱってもはなれなくなっちゃうよ。

単元と学年：力と圧力（中学1年）、力学的エネルギー（中学3年）

手が
ぬけそうだ〜！

用意するもの

雑誌や本 2冊
（同じくらいの大きさ、厚さのもの）

まんが雑誌や電話帳がおすすめ！

35

実験しょう

1 2冊の雑誌のページを、1枚ずつたがいちがいに重ねていく。

2 二人で両側から引っぱる。力いっぱい引っぱっても、びくともしない。

❓ どうしてくっついてはなれないの？

紙を重ねただけなのに、まるで接着剤ではりつけたように紙と紙とがくっつきました。それは「**まさつ力**」が働いたからです。

ものとものとをこすり合わせることを「**まさつ**」といいます。**まさつ**がおきるとき、もの同士がすべるのをじゃまする力が生まれます。それが**まさつ力**です。

紙を重ねて引っぱると、そこに**まさつ力**が働きます。1枚と1枚では、それは小さな力ですが、何枚も重なると、とても大きな力になって、引っぱってもはなれなくなるのです。

つるつるした紙よりも、ざらざらした紙のほうが**まさつ力**が大きくなります。

▲大まかに重ねただけだとまさつ力が小さいので、少し力を入れるとはなれる。

▲1枚ずつ重ねると、まさつ力が大きくなるのではなれない。

使い終わった雑誌は、重ねたページを1枚ずつはなそう。無理やり引きはなそうとすると、こわれてしまうことがあるよ。

科学のお話

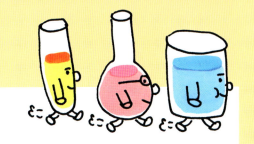

ものを止める力「まさつ力」

2つのものがくっついてこすれ合うとき、その動きを止めようとする力が働きます。それが「まさつ力」です。

まさつ力は何で決まるの？

まさつ力の大きさは、くっついているものの面の材質によって変わります。たとえば、重い荷物を動かすとき、コンクリートの上よりも、つるつるした氷の上のほうがまさつ力が小さいので、楽に動かすことができます。

また、面の材質が同じであれば、動かす荷物が重いほどまさつ力が大きくなり、動かすのに力がかかります。

くっつく面と面の間に油や水を入れるとまさつ力を小さくすることができます。

もしもまさつがなかったら？

まさつ力が働かなければ、私たちは歩くことすらできません。足がすべって転んでしまいます。自動車や自転車もタイヤが空回りして進むことができないでしょう。

また、家やビルも、くぎやねじがぬけてたおれてしまいます。山では、木や石や土がすべり落ち、どこも平らになってしまうでしょう。

まさつで熱が発生！

まさつ力が働くとき、熱が生まれます。すべり台をすべると、おしりが熱くなることがありますね。これはズボンとすべり台の間にまさつがおきたからです。寒いときに手をこすり合わせると手が温かくなるのも、まさつの熱のおかげです。

まさつ力がとても大きければ、火をおこすのに十分な熱が生まれます。大昔の人は、木と木をいっしょうけんめいこすり合わせて火をおこしていました。

> まさつは役に立ったり、じゃまになったりするんだ。

ひとりでじっくり　みんなでわいわい　かかる時間：30分〜

落ちない水のなぞ
逆さコップで大気圧実験

コップに水を入れ、はがきをのせて逆さまにすると……びっくり！
水もはがきも落ちないよ。どんなひみつがあるのかな？

単元と学年：力と圧力（中学1年）、天気の変化（中学2年）

はがきが落ちないように支えている目に見えない力があるんだ！

用意するもの

1. コップ
2. はがき
3. 水

⚠ 水がこぼれてもいい場所で実験しましょう。

実験しよう

1 コップに水をいっぱいに入れて、はがきでふたをする。コップとはがきを密着させる。

2 はがきを手でおさえながらコップを逆さにする。手をはなしても、水とはがきは落ちない。

もっと実験！ はがきが落ちるとき・落ちないとき調べ

いろいろな条件で試してみましょう（結果は40ページ）。

用意するもの　コップ、水、はがき、千枚通し、つまようじ、使い捨てのプラスチックコップ

①水を少なくする。

②コップをかたむける。

③はがきの真ん中に千枚通しで穴をあける。逆さにして、穴からつまようじを差しこんでみる。

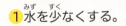
穴

はなす↑

④プラスチックコップの底に、千枚通しで穴をあける。穴を指でふさいで水を入れ、はがきでふたをして逆さにする。穴をふさいでいる指をはなす。

結果はどうなるかな？　他にもいろいろなパターンを考えてやってみよう。

39

? どうしてはがきは落ちないの？

ものは支えるものがなければ下に落ちてしまいます。それなのに、なぜはがきや水が落ちないのでしょうか？　実は空気が下からおさえていたのです。

空気にも重さがあって、地球上のものにはすべて、周りから空気の重さがかかっているのです。

しかし、コップに水を入れずにはがきを当てるだけでは落ちてしまいます。そこで活躍するのが「水」です。コップとはがきの間のわずかなすき間を、水の表面張力※でふさいでくれるので、ぴったりとくっつくのです。ですから、はがきに穴をあけても、水がふさいでくれるので落ちません。

コップの底の穴や、はがきとコップのすき間から空気が入ってしまうと、とたんにはがきは落ちてしまいます。水の重さに空気の力が加わり、下から空気が支えられなくなるのです。

※ 表面張力…できるだけ小さく縮まろうとする力。

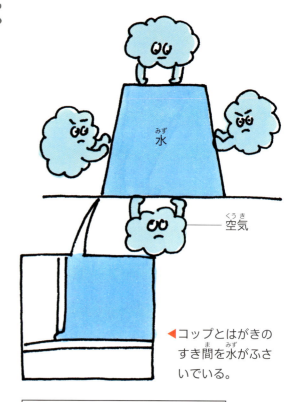

◀コップとはがきのすき間を水がふさいでいる。

39ページの「もっと実験」の結果
①②③…落ちない
④…落ちる

🔍 科学のお話

空気の力「大気圧」

地球の周りには、ずっと上のほうまで空気があって、地球の重力※1によって引きつけられています。重力を受けているということは、空気にも重さがあるということです。空気の重さが地球の表面のものをおす力を「大気圧（または気圧）」といいます。

両手を広げたくらいの大きさの四角の上に、高さ10kmの空気の柱があると想像してみましょう。その柱の重さは約10t※2、ゾウ2頭分と同じくらいです。そんなに重いものがのっているのに、なぜ体がつぶれてしまわないのかふしぎですね。それは、私たちの体の中にも空気があって、それが内側からおし返す力とちょうどつり合っているからです。

※1　重力…地球がものを引っぱる力。ものに重さがあるのは重力が働いているから。
※2　1t（トン）…重さの単位。1t=1000kg。

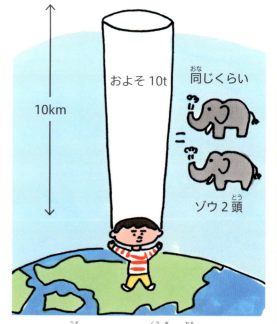

▲1㎡の上にのっている空気の重さは、およそ10t（1㎡は1m×1m）。

大人といっしょに　かかる時間：30分〜

自然のエネルギーを体験！
ペットボトルのたつ巻

ペットボトルにお湯と入浴剤を入れて回すと、小さなたつ巻ができるよ。
たつ巻が生まれる仕組みを体験しよう！

単元と学年：天気の変化（中学2年）、エネルギー（中学3年）

用意するもの

1. ペットボトル（炭酸飲料用の2Lのもの）
2. 発泡入浴剤（固形のもの）
3. お湯（40℃くらいの温度）
4. 金づち
5. セロハンテープ
6. 画びょう

ペットボトルの中にミニたつ巻ができるよ！

41

実験しょう

1
入浴剤を金づちで割る。親指の先ぐらいで、ペットボトルの口に入る大きさがちょうどよい。

2
ペットボトルの下のほうに画びょうをさして、1か所穴をあけ、セロハンテープでふさいでおく（炭酸ガスの力でペットボトルがこわれるのを防ぐため）。

3
ペットボトルにお湯と入浴剤を1かけら入れてしっかりとキャップをしめる。逆さにして下のほうをぐるぐると回す。

4
ペットボトルの中にたつ巻ができたら、回すのをやめて観察しましょう。

水だけでやってみると……

入浴剤を入れずに水だけでやると、ろうとのような形のうずができますが、すぐに消えてしまいます。

ろうと状のうずが勢いよくのぼっていくよ！

❗ 入浴剤から出た炭酸ガスがふき出すことがあります。たつ巻を観察したあとは、キャップを開けて炭酸ガスをぬきましょう。

どうしてたつ巻ができるの？

ペットボトルの中にたつ巻ができるのは、上昇するあわに回転が加わるからです。

ペットボトルに入浴剤を入れると、入浴剤から炭酸ガスのあわが出て上へのぼっていきます。そこに回転が加わると、たつ巻のような「うず」が生まれるのです。いったんうずができると、入浴剤からあわが出ている間は消えずに観察することができます。

本物のたつ巻も、これと同じような仕組みでおこります。地表で温められた空気は、軽くなって上昇気流を生み、それが回転することで激しいうずができるのです。多くの場合たつ巻に沿って、柱やろうとのような形の雲が見られます。

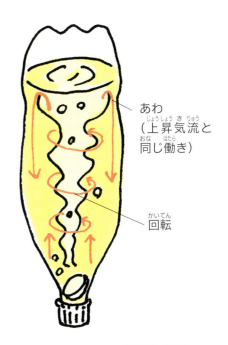
あわ（上昇気流と同じ働き）
回転

自然のたつ巻はもうれつな風で、人はおろか自動車さえも空に巻き上げてしまうよ。

▲アメリカで発生したたつ巻。

自然の「うず」を見つけよう！
自然の中には、たつ巻の他にもいろいろなうずがあります。

■台風
たつ巻よりもずっと大きな空気のうず。海の上で生まれ、広い範囲に激しい風や雨をもたらす。

■うずしお
海流がせまいところを通りぬけるときにうずができる現象。鳴門海峡で見られる「鳴門のうずしお」が有名。

■銀河
宇宙に数多くある星の集団「銀河」の中には、うず巻き状のものがある。

回転のふしぎ
走り続けるコイン

ひとりでじっくり　かかる時間：10分〜

風船の中でコインを回転させると、まるで何かの力で動いているようにたおれずに走り続けるよ。ふしぎなコインの動きを観察しよう。

単元と学年：力学的エネルギー（中学3年）

用意するもの

1. 風船
2. コイン（10円玉など）

44

実験しよう

1 風船にコインを入れる。

2 風船をふくらませて口をしばる。

3 風船を両手で持って、ゆっくりと円をえがくようにふり、コインを回転させる。コインが勢いよく回転しはじめたら、風船をふるのをやめてコインの動きを観察しましょう。

コインの回転がゆっくりになったら、風船を軽く動かすだけで、再び回転が速くなるよ。

❓ コインはどうしてたおれずに走り続けるの？

　回転しているときのコインをよく見ると、コインが車輪のように回転しながら風船の内側を回っているのがわかります。
　回転している円盤は、なるべく同じ姿勢を保ってたおれずに回り続けようとします。これを「ジャイロ効果」といいます。回転が速いほど姿勢は安定します。風船の中のコインも、勢いよく回転している間は、安定していますが、スピードが落ちてくるとふらふらしてたおれてしまいます。
　身近なところでは、自転車やこまにもジャイロ効果が見られます。自転車は、走っている間はたおれませんが、止まると足で支えなければたおれてしまいますね。こまも同様に、スピードが落ちてくるとたおれてしまいます。

さくいん

あ

アルカリ性　20、22
アルミニウム　25
アントシアニン　22
アンペア（A）　31
アンペール　31
うず　13、43
うずしお　43
音　19

か

回転　43、44-45
カルシウム　16
ガルバーニ　30
乾電池　31
銀河　43
空気　8、10-13、19、32-34、40、43
空気砲　4、10-13
コイル　31
コハク　30

さ

酸性　20、22
酸素　25
磁気　31
色素　20、22
磁石　31
ジャイロ効果　45
シャボン玉　6-9
重力　40
上昇気流　43
振動　19
水溶液　20-22
静電気　26-29
静電気コップ　27-29

た

大気圧　38、40
台風　43
たつ巻　41、43
ダニエル電池　31
たまご　14-16
タレス　30
炭酸ガス　42-43
炭酸カルシウム　16
段ボール空気砲　10-13
中性　22
電子　25

電磁誘導の法則　31
電池　23、25、30-31
電流　23-25、31
銅　25
動物電気　30

な

鳴門のうずしお　43
熱気球　32-34

は

バブルリング　13
pH（ピーエイチ）　22
表面張力　40
避雷針　30
備長炭　23-25
ファラデー　31
フランクリン　30
浮力　34
ボルタ　30
ボルタ電池　30
ボルト（V）　25、30

ま

まく　8-9、16
まさつ　36-37
まさつ力　35-37
木炭電池　23-25
モンゴルフィエ兄弟　34

や

屋井乾電池　31
屋井先蔵　31

ら

リトマス紙　22

■ 監修

米村でんじろう（よねむら）

1955年千葉県生まれ。東京学芸大学大学院理科教育専攻修了。都立高校教諭を務めた後、科学の楽しさを広く伝える仕事を目指し、1996年に独立。現在、サイエンスプロデューサーとして全国各地で科学実験教室やサイエンスショーの企画・監修・出演など、いろいろな媒体で活躍中。1998年に科学技術庁長官賞を受賞。

■ 写真提供

NASA, ESA, and the Hubble Heritage (STScI/AURA)-ESA/Hubble Collaboration（p43 中段）
rent Koops/NOAA（p43 下段右）
ima-tun / PIXTA（p13）

■ 協力

海老谷浩（米村でんじろうサイエンスプロダクション）

- 構成・編集／グループ・コロンブス（石井立子）
- イラスト／風間勇人
- 装丁・デザイン／千野愛
- 撮影／茶山浩
- 校閲／滄流社

でんじろう先生のおもしろ科学実験室
①びっくり実験

2017年 5月30日 初 版
2024年 4月30日 第4刷
NDC407 48P 31cm×22cm

監　　修	米村でんじろう
発 行 者	角田真己
発 行 所	株式会社 新日本出版社
	〒151-0051　東京都渋谷区千駄ヶ谷 4-25-6
	電話　03（3423）8402（営業）　03（3423）9323（編集）
	メール　info@shinnihon-net.co.jp
	ホームページ　www.shinnihon-net.co.jp
振 替 番 号	00130-0-13681
印刷・製本	図書印刷株式会社

落丁・乱丁がありましたらおとりかえいたします。
©Yonemura Denjiro Science Production,Inc. Group Columbus 2017
ISBN978-4-406-06146-9　C8340　Printed in Japan

本書の内容の一部または全体を無断で複写複製（コピー）して配布することは、法律で認められた場合を除き、著作者および出版社の権利の侵害になります。小社あて事前に承諾をお求めください。

実験のまとめ方

科学実験をしたら、結果をまとめましょう。
自由研究にも役立ちます。

実験の内容がわかる
タイトルをつけよう。

20××年○月○日　山田一郎

むらさきキャベツで水溶液を調べる

どうしてその
実験をしよう
と思ったのか
を書こう。

きっかけ

むらさきキャベツからとった色水で、液体の酸性やア
ルカリ性を調べられることを知って、家にあるいろい
ろな液体でも調べてみたいと思った。

実験で調べた
いことを書こ
う。

実験の目的

家にある液体が酸性か中性かアルカリ性かを調べる
（牛乳、オレンジジュース、砂糖水、塩水、紅茶、コーヒー、
にがり、台所用洗剤、シャンプー、クレンザーを使う）。

実験の手順
を書こう。

実験の方法

①むらさきキャベツをにて、むらさき色の色水を作る。

②砂糖と塩は、それぞれ小さじ１ぱいを大さじ１ぱい
のぬるま湯にとかしておく。

③むらさきキャベツの色水に調べる液体を入れて混ぜ、
色の変化を見る。